RAPPORT

FAIT A L'ACADÉMIE DES SCIENCES,

PAR

MM. HÉRICART DE THURY ET BRONGNIART,

SUR UN MÉMOIRE

RELATIF A LA GÉOLOGIE DES ENVIRONS DE FRÉJUS;

Par M. Ch. Texier,

INGÉNIEUR DES TRAVAUX PUBLICS.

PARIS.

IMPRIMERIE DE LACHEVARDIERE,
RUE DU COLOMBIER, N° 30.

1828

RAPPORT

FAIT A L'ACADÉMIE DES SCIENCES,

PAR

MM. HÉRICART DE THURY ET BRONGNIART,

SUR UN MEMOIRE

RELATIF A LA GÉOLOGIE DES ENVIRONS DE FRÉJUS;

Par M. Ch. Texier,

ARCHITECTE DES TRAVAUX PUBLICS.

PARIS.

IMPRIMERIE DE LACHEVARDIERE,

RUE DU COLOMBIER, Nº 30.

1833.

RAPPORT

SUR LE MEMOIRE

DE

M. Charles Texier.

M. Charles Texier, architecte des travaux publics, couronné par l'Académie royale des Inscriptions, dans sa séance du 15 juillet 1831, pour ses recherches sur les antiquités de Fréjus, a présenté à l'Académie un Mémoire sur la géologie des environs de cette ville. Après l'avoir entendu, l'Académie a demandé qu'il lui fût fait un rapport sur ce Mémoire, et il en a chargé MM. Brongniart et Héricart de Thury. Nous allons avoir l'honneur de lui en rendre compte.

Le Mémoire de M. Texier peut être considéré comme l'introduction d'un grand ouvrage que cet architecte a entrepris sur les antiquités de Fréjus. Il est le résultat des recherches auxquelles il a dû se livrer pour répondre aux demandes de la commission des Antiquités nationales de l'Académie des Inscriptions, sur la *topographie de cette ville*, les *nivellemens du sol*, le *régime de la rivière d'Argent et de ses affluens;* enfin, *sur la nature du pays, considérée géologiquement*, questions d'autant plus essentielles à approfondir, que Fréjus, l'antique *Forum Julii*, l'un des ports les plus importans des Romains, est aujourd'hui à plus d'un kilomètre dans les terres, comme les anciens ports de Ravennes, d'Ostie, d'Aigues-Mortes et plusieurs autres, dont l'éloignement actuel de la mer ne doit point être attribué à son abaissement, ainsi que l'observe très bien l'auteur, mais aux atterrissemens descendus et entraînés des montagnes voisines par les fleuves, les rivières et les torrens.

Frappé de la parfaite identité que lui présentaient les nombreux fragmens de porphyre gris bleu, recueillis dans les ruines de Fréjus, de Riez, d'Aix, d'Arles, d'Orange, et autres villes de la Narbonnaise, et les colonnes de porphyre gris bleu, prétendu égyptien, qu'il avait remarquées à Saint-Pierre de Rome, au Vatican, au palais Quirinal, etc., M. Texier forma le projet de rechercher dans les montagnes voisines de Fréjus les carrières où le porphyre avait été extrait, le gissement ne pouvant en être éloigné, à en juger par l'immense quantité de débris qu'on en trouve dans les ruines de cette ville. Dans cette intention, il parcourut toutes les montagnes voisines, et fut assez heureux pour reconnaître, non seulement le gissement de ces porphyres, mais même les carrières d'où les Romains avaient extrait les colonnes des temples élevés dans les villes des environs, et probablement celles de divers temples et monumens de Rome, où on les considère encore aujourd'hui comme provenant d'Égypte.

A son Mémoire M. Texier a joint la carte de la côte de Fréjus, sur laquelle il a indiqué les différentes formations de terrain qu'il a reconnues depuis Nice, à l'est, jusqu'à Saint-Tropez, à l'ouest, sur le rivage de la mer, au-dessus et au nord duquel s'étend parallèlement une chaîne de hautes montagnes qui se rattache au dernier chaînon des Alpes maritimes.

De Fréjus à Cannes, les montagnes se rapportent à la classe des roches considérées comme primordiales. Le point le plus élevé de la chaîne est le mont Vinaigre, dont la hauteur est de 1,329 mètres au-dessus de la mer ; il est composé de porphyre.

A sa base , au nord et à l'ouest, est un vaste bassin houiller, dont les couches de grès présentent deux particularités remarquables; l'une, les débris ou les restes d'une forêt de bambous de grandes dimensions , puisqu'on en a trouvé qui avaient plus de $1^m,60^c$ de circonférence ; l'autre , que tous ces bambous , par l'effet d'un glissement qu'ont éprouvé les couches de grès houiller, ont tous été coupés à la même hauteur.

Aux deux extrémités orientale et occidentale du mont Vinaigre , on trouve deux grandes formations volcaniques qui recouvrent le terrain houiller, et, dans quelques endroits, alternent avec lui.

Au sommet de celle de l'ouest est le cratère des Darbousiers - de - l'Estrerelle , qui est à 413 mètres au-dessus de la mer. Cette chaîne volcanique s'étend de ce point, vers le sud-ouest , jusqu'à Fréjus , où elle formait un promontoire qui dominait son ancien golfe.

La colline sur laquelle est bâtie Fréjus est de laves poreuses stratifiées , recouvrant des grès schisteux rouges , bruns ou verts. Le grès vert est le plus dur et celui qui a été employé avec le plus de succès dans les anciens monumens de cette ville. Le grès brun contient souvent des rognons de porphyre. Dans quelques endroits, les laves alternent avec des grès en couches irrégulières.

Les montagnes de la Napoule et de Cannes à l'est de Fréjus, offrent des roches granitiques et porphyriques. M. Texier les a d'abord explorées, et c'est dans cette partie de la chaîne des Alpes maritimes qu'il a découvert les exploitations des anciens.

Ces carrières de granite sont situées entre Callas et Pennafort. Elles présentent des traces irrécusables de grandes extractions dans une masse de granite syénite dont on voit encore, 1° huit belles colonnes au baptistère de la cathédrale à Fréjus ; 2° quatorze colonnes corinthiennes dans le chœur de l'église de Saint-Maxime de Riez ; et 3° plusieurs belles colonnes de grandes dimensions à Arles.

L'étendue de ces carrières, et l'immense quantité de débris et de recoupes de granite entassés près des lieux d'extraction, attestent la longue et active exploitation des anciens, qui en portèrent les produits à Rome, où ils décorent encore divers monumens sans qu'on en connaisse la véritable origine.

Mais, dit M. Texier, de tous les matériaux dont les Romains ont enrichi les monumens de

Fréjus, il n'en est certainement pas de plus précieux que les porphyres bleus à points blancs qu'ils employèrent pour les dallages, les revêtemens et les colonnes.

C'est à Caus, à un myriamètre à l'est de Fréjus, au-dessus de la rade d'Agay, que se trouvent ces porphyres. Là ils présentent de grands cristaux de feldspath de plus de 3 centimètres, mélangés avec des quarz dodécaèdres et de l'amphibole noir ; mais, en descendant de Caus au torrent de Bouleric, ces cristaux diminuent de grosseur, la masse est plus homogène, plus compacte et plus solide.

Comme les carrières de granite de Callas, celles-ci ont été exploitées par de vastes et nombreux ateliers : on en distingue encore plusieurs, mais trois entre autres qui sont restées dans l'état où les anciens les ont laissées.

Dans les deux premières, de grandes masses de porphyre extraites sont restées sur place, prêtes à être enlevées. On en remarque plusieurs destinées à faire des colonnes de plus de 7 mètres de longueur ; et, en descendant de ces carrières à la mer, on voit de gros blocs ébauchés, percés en tête de trous de *louve*, abandonnés dans le milieu du chemin. La troisième carrière présente de longues excavations cylindriques, qui indiquent que de grosses colonnes en ont été détachées.

La profondeur et l'étendue de ces carrières, les vastes ruines voisines, qui semblent être les bâtimens des ouvriers, les nombreux débris de vases et d'amphores trouvés dans ces ruines, enfin les trous de scellement qu'on remarque de distance en distance dans le rocher, auprès des entailles des ateliers, ont fait penser à M. Texier que les carrières de Caus avaient été exploitées par des criminels condamnés aux travaux publics; et, pour appuyer cette opinion, M. Texier cite l'édit de Constantin, daté de Buthrote en Épire, abolissant l'exposition aux bêtes féroces, et ordonnant qu'à l'avenir les hommes condamnés à être ainsi exposés dans les cirques et amphithéâtres, seraient employés aux travaux des mines et des carrières.

Cette opinion sur les travaux des mines et des carrières par les condamnés aux travaux publics, émise par plusieurs savans, ne saurait être contestée. D'ailleurs il suffirait de rappeler la réponse du poète Philoxène, condamné aux travaux des carrières, qui, remis en liberté, refusa de louer les vers de Denys-le-Tyran, et se contenta de répondre, en se tournant vers le capitaine de ses gardes : *Qu'on me remène aux carrières* (1).

On trouve dans les Alpes plusieurs mines et carrières qui ont indubitablement été exploitées par des condamnés aux travaux publics. Nous en avons recueilli des témoignages dans plusieurs localités, et les plus remarquables sont : 1° les mines de plomb et cuivre argentifères de Curia-Major, au revers du petit Saint-Bernard, que nous avons reconnues avec M. Schreiber, inspecteur divisionnaire des mines, alors directeur de l'École pratique des mines du Mont-Blanc ; 2° celles de Brandes à Saint-Iriez en Oisant, au midi du Mont-Cenis, à plus de 3,500 mètres de hauteur au-dessus de la mer ; 3° la carrière de marbre cypolin de la Doire, à l'est du petit Saint-Bernard, où l'on voit encore des entailles d'où les anciens ont détaché leurs colonnes ; 4° les carrières de granite de l'Ardèche où furent extraites les belles colonnes de 15 m. de hauteur de l'autel élevé à Lyon à Auguste, et qui se voient aujourd'hui dans l'église d'Ainay, colonnes long-temps regardées comme ayant été apportées d'Égypte, et dont

(1) Voyez aussi la loi II, titre 6, du Code Théodosien.

nous avons constaté l'origine par la présence du molybdène dans ces colonnes et dans les granites de l'Ardèche, avec tous les autres élémens, les mêmes couleurs et la même cristallisation.

Après avoir décrit les diverses exploitations de Caus, M. Texier dit qu'ayant emporté à Rome des échantillons de ces granites et porphyres pour les comparer avec ceux qui décorent divers anciens monumens, il a reconnu et fait constater l'identité de ces porphyres 1° avec la belle colonne de 10 m. 30 c. de Saint-Grégoire dans l'église de Saint-Pierre ; 2° avec une colonne du palais Quirinal, sur la place Monte Cavallo ; 3° avec une colonne du Vatican et plusieurs autres regardées par les marbriers romains comme étant de porphyre égyptien, et que d'après eux le savant avocat Corsi, dans son traité *delle Pietre antiche*, Romæ, 1830, avait rapportée aux ophites de Pline, *lapis memphites*, mais qu'il a reconnue être originaire de nos Alpes maritimes, en voyant les échantillons des carrières de Caus, et ceux des ruines de Fréjus.

Dans ses conclusions, M. Texier dit, en résumant les causes de l'éloignement actuel de la chaîne des Alpes maritimes, dont elle a dû baigner anciennement la base, 1° que la première cause de cet éloignement doit remonter à une époque très reculée, probablement celle du soulèvement des roches de gneiss et de micaschiste ; 2° que la formation du terrain houiller a succédé à cette première période, et que l'exhaussement successif du terrain a dû de nouveau repousser les eaux vers la mer pendant cette seconde époque, qui a duré un espace de temps assez long pour que les différentes espèces de grès des environs de Fréjus pussent se déposer ; 3° que c'est à l'apparition des volcans qu'on doit attribuer les dérangemens qu'on remarque dans les couches de grès houiller et le barrage que les laves ont formé à l'entrée du golfe ; 4° enfin, que depuis cette dernière époque son comblement s'est successivement opéré par les atterrissemens sans cesse renouvelés par les eaux des rivières d'Argent, du Rayran et de leurs affluens, atterrissemens qui gagnent environ $0^m,60^c$ par an, et qui finiront par combler entièrement la rade de Fréjus, rien ne s'opposant à l'accumulation des sables qui descendent des montagnes.

CONCLUSIONS.

D'après cette rapide analyse du Mémoire de M. Texier, sur les environs de Fréjus, l'Académie peut juger le degré d'intérêt qu'il présente sous le triple rapport de la géologie, de l'archéologie et des beaux-arts.

Obligés à nous borner à l'examen des faits relatifs à la constitution physique, nous avons dû nécessairement omettre tout ce qui se rapportait aux grands monumens de l'antiquité dont parle M. Texier au sujet des granites et des porphyres des environs de Fréjus, et cependant nous avons cherché à faire apprécier l'importance des recherches de ce jeune architecte, qui, dans son Mémoire, s'est montré aussi versé en géologie qu'en archéologie et en architecture.

Une partie des faits qu'il présente sur la constitution physique du littoral de nos Alpes maritimes, nous était déjà connue ; aussi pouvons-nous attester l'exactitude de ses observations ; mais c'est à lui que nous devons la connaissance des carrières de granite et de porphyre exploitées par les Romains dans les montagnes de

Caus , de Callas et de Cannes ; c'est à lui que nous devons la certitude que ces belles roches, regardées jusqu'alors comme égyptiennes, appartiennent à notre territoire.

Dès 1829 , M. Texier, partant alors pour l'Italie , qu'il allait parcourir à ses frais pour y étudier les monumens de l'art , avait adressé à l'un de nous, alors directeur des travaux publics de Paris , une belle collection de granites et de porphyres recueillis , pour comparaison , dans les ruines de Fréjus et sur les carrières, et dès cette époque nous avions vérifié et constaté l'identité de ces roches et l'exactitude des observations géologiques, archéologiques et architecturales de M. Texier.

L'Académie des Inscriptions, dans sa séance du 15 juillet 1831 , a prouvé le haut prix qu'elle mettait aux recherches de M. Texier, en lui décernant une médaille d'or pour son Mémoire sur les antiquités de Fréjus.

Pour nous , nous aurons l'honneur de proposer à l'Académie, 1° de remercier M. Ch. Texier de la communication qu'il nous a donnée de son Mémoire relatif à la géologie des environs de Fréjus et aux carrières de granite et de porphyre exploitées par les anciens dans la chaîne des Alpes maritimes ; et 2° d'adrésser à M. le

ministre du commerce et des travaux publics ,
en l'invitant à faire examiner par les ingénieurs
du département les moyens de faire remettre
ces carrières en exploitation pour nos monumens publics.

Signé à la minute : BRONGNIART *et*
HÉRICART DE THURY, *rapporteurs*.

L'Académie adopte les conclusions de ce
rapport.

Certifié conforme :

Le secrétaire perpétuel pour les
sciences mathématiques ,

Signé F. ARAGO.